编程真好玩

—第 3 册—

一起堆雪人

科学素养教育启蒙绘本：让孩子知道编程是什么

幼儿学编程，需动脑更需动手：精美贴纸、指令条搭配练习

编程空间 ◎ 编著

中国水利水电出版社

www.waterpub.com.cn

·北京·

内 容 提 要

　　《编程真好玩》系列是为 3~6 岁的小朋友和其父母量身打造的一套普及、介绍计算机编程思维的绘本，既是一套少儿编程启蒙用书，也是一个加强亲子关系的纽带。

　　《编程真好玩》系列绘本共 3 册，分别是《编程真好玩 第 1 册 机器人小镇》《编程真好玩 第 2 册 工厂开放日》《编程真好玩 第 3 册 一起堆雪人》。每册绘本首先都从一个生动有趣的故事开始，将计算机编程思维融入故事的问题解决中，寓教于乐。其次，设计了"基本概念""想一想""练一练"等模块，一方面可以带领小朋友回顾故事的主要情节，增加故事的趣味性、互动性；另一方面，通过与父母一起使用指令条或贴纸完成各知识点的"指令条练习题"，可以有效地增强小朋友的动手能力和协作能力；最重要的是，将计算机编程思维与生活相结合，加深小朋友对编程的理解。

　　《编程真好玩》系列绘本由编程空间团队倾力研发，综合研究了国内外各类绘本的优点，采用四色印刷，故事生动有趣，插画活泼优美，非常适合幼儿的编程启蒙教育。此外，《编程真好玩》系列绘本既可以作为小朋友的睡前读物，也可以作为亲子时间的互动节目，是育儿的不二之选。

图书在版编目（CIP）数据

编程真好玩 / 编程空间编著 . —北京：中国水利水电出版社，2021.8
ISBN 978-7-5170-9753-2

Ⅰ . ①编… Ⅱ . ①编… Ⅲ . ① 程序设计 Ⅳ . ① TP311.1

中国版本图书馆 CIP 数据核字 (2021) 第 145170 号

书　　名	编程真好玩 第 3 册 一起堆雪人 BIANCHENG ZHEN HAOWAN DI 3 CE YIQI DUI XUE REN
作　　者	编程空间　编著
出版发行	中国水利水电出版社 （北京市海淀区玉渊潭南路 1 号 D 座 100038） 网址：www.waterpub.com.cn E-mail：zhiboshangshu@163.com 电话：（010）68367658（营销中心）
经　　售	北京科水图书销售中心（零售） 电话：（010）88383994、63202643、68545874 全国各地新华书店和相关出版物销售网点
排　　版	北京智博尚书文化传媒有限公司
印　　刷	北京富博印刷有限公司
规　　格	250mm×210mm　16 开本　10 印张（总）　101 千字（总）
版　　次	2021 年 8 月第 1 版　2021 年 8 月第 1 次印刷
印　　数	0001—5000 册
总 定 价	108.00 元（共 3 册）

凡购买我社图书，如有缺页、倒页、脱页的，本社营销中心负责调换

Preface

前言

作为少儿编程领域的从业者，我深知"计算机编程"是孩子们未来一项很重要的技能，编程思维更有助于高效地解决问题。

同时作为一名4岁孩子的妈妈，我知道他们渴望了解计算机，想要探索一切未知的东西，更期待去实现自己脑海中的新奇想法（正如本书中的部分情节，是根据学龄前孩子的想象而创作的）。

本套绘本（共3册）从学龄前孩子的视野出发，寓学于乐。通过故事让孩子们认识简单的编程概念，培养编程思维。

在后面的练习题中，爸爸、妈妈还可以和孩子们一起进行亲子互动，在动手动脑中强化孩子们对编程概念的认知。

第1册《机器人小镇》

涉及的编程知识：代码　序列　调试　循环

第2册《工厂开放日》

涉及的编程知识：事件　循环　条件　函数

第3册《一起堆雪人》

涉及的编程知识：分解　序列　循环　条件　合作

公众号

官　网

编者

目 录

Character introduction

人物介绍

蒙蒙

- 身份：果园老板
- 年龄：未知
- 兴趣：讲道理、种水果、吃美食
- 害怕的事情：种植的水果不够美味

多吉

- 身份：幼儿园小朋友
- 年龄：4岁
- 兴趣：拼搭各类工程车、积木
- 害怕的事情：当众说话和表演

克拉拉

- 身份：幼儿园小朋友
- 年龄：5岁
- 兴趣：打扮漂亮、偷偷涂指甲油
- 害怕的事情：一个人睡觉

克拉拉在钢琴比赛中获得了一等奖，
并得到了三张滑雪场的门票。

现在，她要和朋友们去堆雪人啦！

我们肯定比他们堆得快。

在堆雪人之前，他们要分解一下雪人有哪几个部分。

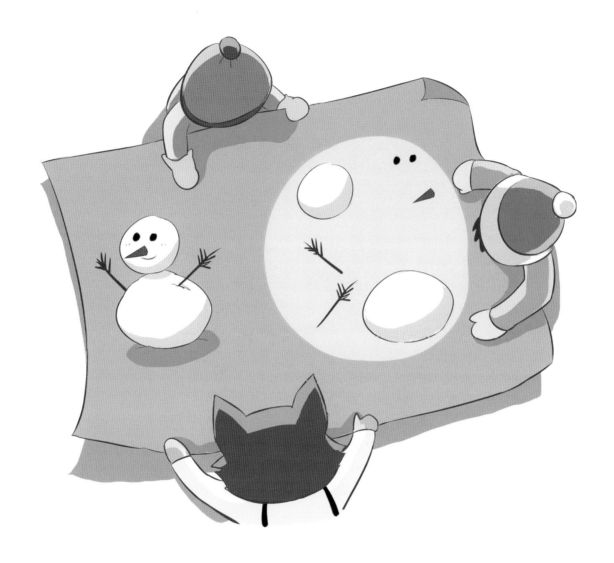

Tips: 分解是当遇到复杂的问题时，可以把复杂的问题分解成一个个小问题并逐一解决。

接下来，开始排列堆雪人的步骤。

1. 堆身体和头

2. 把头放在身体上

3. 安装其他部位

4. 装饰雪人

Tips: 序列是按照一定顺序排列的代码指令。针对某个问题，如果顺序错误，则得不到预期的效果。

蒙蒙和克拉拉决定一起堆雪人的身体，雪人的头部交给多吉去堆。

1. 铲雪

2. 装雪

3. 倒雪

循环

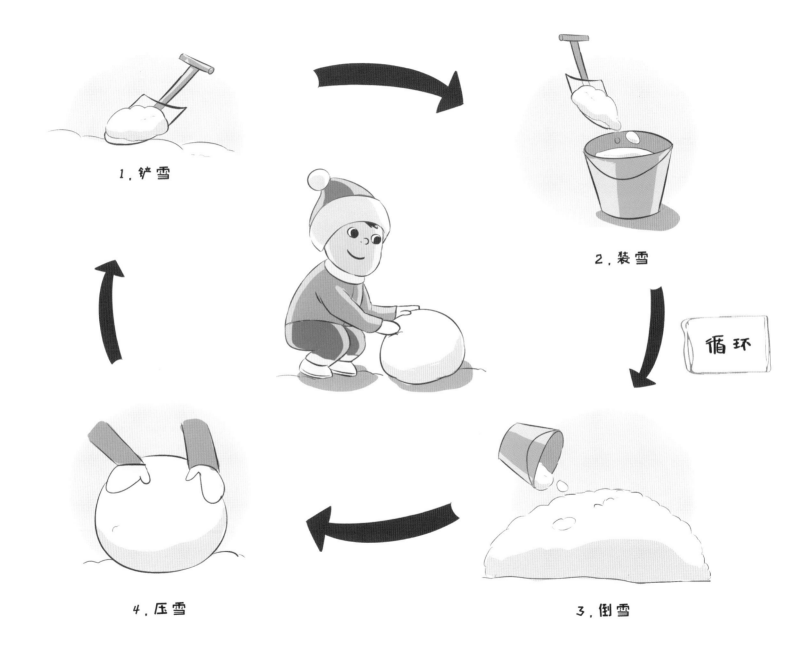

1. 铲雪

2. 装雪

循环

3. 倒雪

4. 压雪

哇哇……怎么坏了呀？

原来蒙蒙和克拉拉在堆雪人的身体时比多吉少了一步。

于是，他们决定重新堆一个雪人的身体。

1. 铲雪

2. 装雪

3. 倒雪

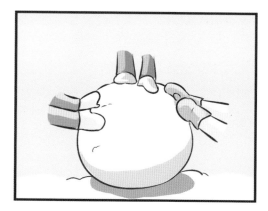

4. 压雪

5. 大一点的雪球

6. 雪人的身体

他们决定去找点东西来做雪人的眼睛。

还是克拉拉找的石头合适。

Tips：雪人眼睛的装饰需要满足**条件**，如果你找到了两个大小合适的东西，那么就把它当作雪人的眼睛；否则就去找其他物品。

在克拉拉、蒙蒙和多吉的齐心协力下，
一个非常漂亮的雪人完成了。

小朋友们，看了蒙蒙他们堆的雪人，
你们是不是也想堆一个呢？

堆雪人这件事看起来非常简单，其实它既需
要耐心，又离不开正确的方法。现在我们来
看看，蒙蒙他们堆雪人时都用到了哪些编程
知识吧！

玩法介绍

爸爸或妈妈陪着小朋友一起，以排列贴纸或指令条的方式完成10个小任务。
这些任务围绕"分解""序列""循环""条件""合作"等编程概念展
开，小朋友在玩的过程中，可以学习编程知识，锻炼编程思维。

（注：贴纸和指令条附在书后，爸爸、妈妈可以引导小朋友用盒子保存起
来，方便以后重复练习。）

Split

一、分解

基本概念：分解是指将整体分为部分。当遇到复杂的问题时，可以把它分解成一个个小问题并逐一解决。

想一想　小朋友们，还记得蒙蒙、克拉拉和多吉在堆雪人之前是怎样进行分解的吗？

雪人可分解为：头、身体、眼睛、鼻子、手臂。

Split

一、分解 指令条练习题

练一练 1：多吉想搭建一架直升机，你能帮他分解一下直升机有哪些组成部分吗？请在方框中贴上正确的图案（用贴纸完成，无须排序）。

Split

一、分解 指令条练习题

练一练2：克拉拉每天都要刷牙，你能帮她分解一下刷牙的过程并找到图案贴上去吗（用贴纸完成）？

练一练3：春天到了，蒙蒙想种一棵树，你能帮他分解一下种树的过程吗？看看需要哪些步骤（用贴纸完成）？

Sequence

二、序列

基本概念：序列是按照一定顺序排列的代码指令。针对某个问题，如果序列错误，则得不到预期的效果。

想一想：小朋友们，还记得在故事中堆雪人的序列吗？

Sequence

练一练 1：克拉拉在钢琴比赛中获得了一等奖，需要从家到钢琴中心进行领奖，请用   指令条帮助她到达钢琴中心。

Sequence

练一练2：克拉拉领完奖，请用   指令条帮助她到达滑雪场。

Loop

三、循环

基本概念：循环是编程时常用的一种技巧，它可以让计算机重复执行相同的指令，而不用重复编写代码。

想一想：小朋友们，还记得蒙蒙和克拉拉堆雪人的身体（或者多吉在堆雪人的头）时一直重复哪些动作吗？

Loop

三、循环 指令条练习题

练一练 1：多吉想去远处看其他小朋友堆雪人，请用   指令条帮助多吉到达。

Loop

三、循环　指令条练习题

练一练2：多吉找到了一些用来装饰的树枝，请用指令条帮助多吉回到雪人处。

Condition

基本概念：在计算机编程中，我们常常需要根据条件作出不同的选择。如果条件满足，则做一件事情；如果条件不满足，则做另一件事情。

想一想：小朋友们，还记得蒙蒙、克拉拉、多吉在寻找装饰眼睛的物品时是怎样进行判断的吗？

if（如果）适合做眼睛

then（那么）捡回来

else（否则）继续找其他的

Condition

四、条件 指令条练习题

练一练1：多吉去找装饰眼睛的物品，路上有树桩，请用 指令条进行判断：如果遇到树桩，那么跳过去，最后到达树枝处。

Condition

练一练2：多吉继续去找装饰眼睛的物品，路上有树桩，请用 指令条进行判断，

并用 指令条帮他到达树枝处。

Cooperation

五、合作　指令条练习题

练一练：在故事中，蒙蒙、多吉和克拉拉一起合作堆好了雪人，接下来，需要小朋友和爸爸或妈妈一起合作，帮助蒙蒙回到果园（限时3分钟，一个人的力量有限，合作能让你更快地找到更多的路线）。

Reference Answer

参考答案

一、分解

练一练1：多吉想搭建一架直升机，你能帮他分解一下直升机有哪些组成部分吗？请在方框中贴上正确的图案（用贴纸完成，无须排序）。

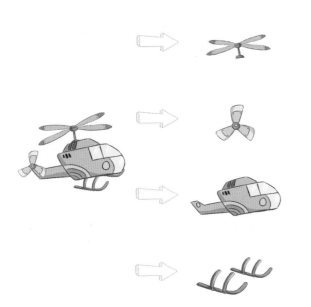

练一练2：克拉拉每天都要刷牙，你能帮她分解一下刷牙的过程并找到图案贴上去吗（用贴纸完成）？

练一练3：春天到了，蒙蒙想种一棵树，你能帮他分解一下种树的过程吗？看看需要哪些步骤（用贴纸完成）？

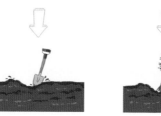

Reference Answer

参考答案

二、序列

练一练1：克拉拉在钢琴比赛中获得了一等奖，需要从家到钢琴中心进行领奖，请用 指令条帮助她到达钢琴中心。

练一练2：克拉拉领完奖，请用 指令条帮助她到达滑雪场。

三、循环

练一练1：多吉想去远处看其他小朋友堆雪人，请用 指令条帮助多吉到达。

Reference Answer

参考答案

三、循环

练一练 2：多吉找到了一些用来装饰的树枝，请用  指令条帮助多吉回到雪人处。

四、条件

练一练 1：多吉去找装饰眼睛的物品，路上有树桩，请用  指令条进行判断：如果遇到树桩，那么跳过去，最后到达树枝处。

练一练 2：多吉继续去找装饰眼睛的物品，路上有树桩，请用  指令条进行判断，并用  指令条帮他到达树枝处。

Reference Answer

参考答案

五、合作（共有6种答案）

练一练：在故事中，蒙蒙、多吉和克拉拉一起合作堆好了雪人。接下来，需要小朋友和爸爸或妈妈一起合作，帮助蒙蒙回到果园（限时3分钟，一个人的力量有限，合作能让你更快地找到更多的路线）。

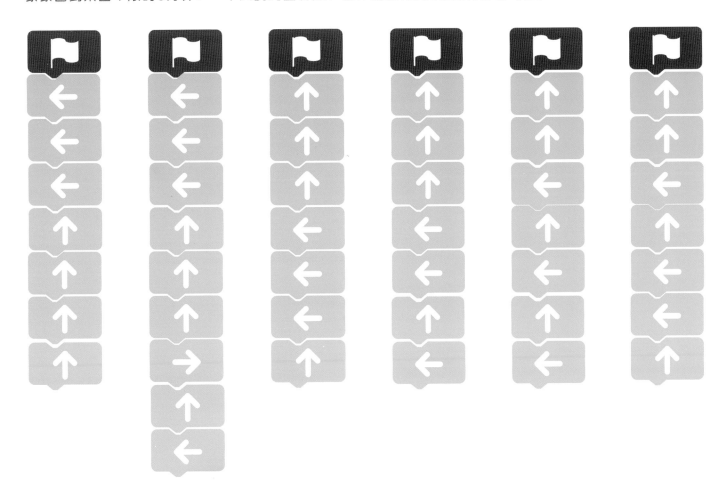